T/CAGHP 079—2022

目 次

前言 ⋯⋯⋯ Ⅲ
引言 ⋯⋯⋯ Ⅳ
1 范围 ⋯⋯⋯ 1
2 规范性引用文件 ⋯⋯⋯⋯⋯⋯⋯⋯⋯⋯⋯⋯⋯⋯⋯⋯⋯⋯⋯⋯⋯⋯⋯⋯⋯⋯⋯⋯⋯⋯⋯⋯⋯⋯⋯⋯ 1
3 术语和定义 ⋯⋯⋯⋯⋯⋯⋯⋯⋯⋯⋯⋯⋯⋯⋯⋯⋯⋯⋯⋯⋯⋯⋯⋯⋯⋯⋯⋯⋯⋯⋯⋯⋯⋯⋯⋯⋯ 1
4 基本规定 ⋯⋯⋯⋯⋯⋯⋯⋯⋯⋯⋯⋯⋯⋯⋯⋯⋯⋯⋯⋯⋯⋯⋯⋯⋯⋯⋯⋯⋯⋯⋯⋯⋯⋯⋯⋯⋯⋯⋯ 3
5 地裂缝分类、危害分级与场地类别的划分 ⋯⋯⋯⋯⋯⋯⋯⋯⋯⋯⋯⋯⋯⋯⋯⋯⋯⋯⋯⋯⋯⋯⋯⋯ 3
6 立项阶段地裂缝调查 ⋯⋯⋯⋯⋯⋯⋯⋯⋯⋯⋯⋯⋯⋯⋯⋯⋯⋯⋯⋯⋯⋯⋯⋯⋯⋯⋯⋯⋯⋯⋯⋯⋯ 3
　6.1 一般规定 ⋯⋯⋯⋯⋯⋯⋯⋯⋯⋯⋯⋯⋯⋯⋯⋯⋯⋯⋯⋯⋯⋯⋯⋯⋯⋯⋯⋯⋯⋯⋯⋯⋯⋯⋯⋯ 3
　6.2 地面调查 ⋯⋯⋯⋯⋯⋯⋯⋯⋯⋯⋯⋯⋯⋯⋯⋯⋯⋯⋯⋯⋯⋯⋯⋯⋯⋯⋯⋯⋯⋯⋯⋯⋯⋯⋯⋯ 4
7 可行性论证阶段初步勘查 ⋯⋯⋯⋯⋯⋯⋯⋯⋯⋯⋯⋯⋯⋯⋯⋯⋯⋯⋯⋯⋯⋯⋯⋯⋯⋯⋯⋯⋯⋯⋯ 4
　7.1 一般规定 ⋯⋯⋯⋯⋯⋯⋯⋯⋯⋯⋯⋯⋯⋯⋯⋯⋯⋯⋯⋯⋯⋯⋯⋯⋯⋯⋯⋯⋯⋯⋯⋯⋯⋯⋯⋯ 4
　7.2 地质环境条件调查 ⋯⋯⋯⋯⋯⋯⋯⋯⋯⋯⋯⋯⋯⋯⋯⋯⋯⋯⋯⋯⋯⋯⋯⋯⋯⋯⋯⋯⋯⋯⋯⋯ 4
　7.3 地裂缝工程地质测绘 ⋯⋯⋯⋯⋯⋯⋯⋯⋯⋯⋯⋯⋯⋯⋯⋯⋯⋯⋯⋯⋯⋯⋯⋯⋯⋯⋯⋯⋯⋯⋯ 4
　7.4 地裂缝勘探 ⋯⋯⋯⋯⋯⋯⋯⋯⋯⋯⋯⋯⋯⋯⋯⋯⋯⋯⋯⋯⋯⋯⋯⋯⋯⋯⋯⋯⋯⋯⋯⋯⋯⋯⋯ 5
8 设计阶段详细勘查 ⋯⋯⋯⋯⋯⋯⋯⋯⋯⋯⋯⋯⋯⋯⋯⋯⋯⋯⋯⋯⋯⋯⋯⋯⋯⋯⋯⋯⋯⋯⋯⋯⋯⋯ 5
　8.1 一般规定 ⋯⋯⋯⋯⋯⋯⋯⋯⋯⋯⋯⋯⋯⋯⋯⋯⋯⋯⋯⋯⋯⋯⋯⋯⋯⋯⋯⋯⋯⋯⋯⋯⋯⋯⋯⋯ 5
　8.2 工程地质测绘 ⋯⋯⋯⋯⋯⋯⋯⋯⋯⋯⋯⋯⋯⋯⋯⋯⋯⋯⋯⋯⋯⋯⋯⋯⋯⋯⋯⋯⋯⋯⋯⋯⋯⋯ 5
　8.3 地裂缝勘探 ⋯⋯⋯⋯⋯⋯⋯⋯⋯⋯⋯⋯⋯⋯⋯⋯⋯⋯⋯⋯⋯⋯⋯⋯⋯⋯⋯⋯⋯⋯⋯⋯⋯⋯⋯ 6
　8.4 采样、测试与试验 ⋯⋯⋯⋯⋯⋯⋯⋯⋯⋯⋯⋯⋯⋯⋯⋯⋯⋯⋯⋯⋯⋯⋯⋯⋯⋯⋯⋯⋯⋯⋯⋯ 6
9 勘查方法及技术要求 ⋯⋯⋯⋯⋯⋯⋯⋯⋯⋯⋯⋯⋯⋯⋯⋯⋯⋯⋯⋯⋯⋯⋯⋯⋯⋯⋯⋯⋯⋯⋯⋯⋯ 7
　9.1 资料收集与整理 ⋯⋯⋯⋯⋯⋯⋯⋯⋯⋯⋯⋯⋯⋯⋯⋯⋯⋯⋯⋯⋯⋯⋯⋯⋯⋯⋯⋯⋯⋯⋯⋯⋯ 7
　9.2 遥感调查 ⋯⋯⋯⋯⋯⋯⋯⋯⋯⋯⋯⋯⋯⋯⋯⋯⋯⋯⋯⋯⋯⋯⋯⋯⋯⋯⋯⋯⋯⋯⋯⋯⋯⋯⋯⋯ 7
　9.3 野外核查和地面调查 ⋯⋯⋯⋯⋯⋯⋯⋯⋯⋯⋯⋯⋯⋯⋯⋯⋯⋯⋯⋯⋯⋯⋯⋯⋯⋯⋯⋯⋯⋯⋯ 7
　9.4 地质环境条件调查 ⋯⋯⋯⋯⋯⋯⋯⋯⋯⋯⋯⋯⋯⋯⋯⋯⋯⋯⋯⋯⋯⋯⋯⋯⋯⋯⋯⋯⋯⋯⋯⋯ 8
　9.5 工程地质测绘 ⋯⋯⋯⋯⋯⋯⋯⋯⋯⋯⋯⋯⋯⋯⋯⋯⋯⋯⋯⋯⋯⋯⋯⋯⋯⋯⋯⋯⋯⋯⋯⋯⋯⋯ 8
　9.6 勘探 ⋯⋯⋯⋯⋯⋯⋯⋯⋯⋯⋯⋯⋯⋯⋯⋯⋯⋯⋯⋯⋯⋯⋯⋯⋯⋯⋯⋯⋯⋯⋯⋯⋯⋯⋯⋯⋯⋯ 9
　9.7 其他勘查方法 ⋯⋯⋯⋯⋯⋯⋯⋯⋯⋯⋯⋯⋯⋯⋯⋯⋯⋯⋯⋯⋯⋯⋯⋯⋯⋯⋯⋯⋯⋯⋯⋯⋯⋯ 11
10 地裂缝评价 ⋯⋯⋯⋯⋯⋯⋯⋯⋯⋯⋯⋯⋯⋯⋯⋯⋯⋯⋯⋯⋯⋯⋯⋯⋯⋯⋯⋯⋯⋯⋯⋯⋯⋯⋯⋯⋯ 11
　10.1 一般规定 ⋯⋯⋯⋯⋯⋯⋯⋯⋯⋯⋯⋯⋯⋯⋯⋯⋯⋯⋯⋯⋯⋯⋯⋯⋯⋯⋯⋯⋯⋯⋯⋯⋯⋯⋯ 11
　10.2 地裂缝成因分析 ⋯⋯⋯⋯⋯⋯⋯⋯⋯⋯⋯⋯⋯⋯⋯⋯⋯⋯⋯⋯⋯⋯⋯⋯⋯⋯⋯⋯⋯⋯⋯⋯ 11
　10.3 地裂缝活动性评价 ⋯⋯⋯⋯⋯⋯⋯⋯⋯⋯⋯⋯⋯⋯⋯⋯⋯⋯⋯⋯⋯⋯⋯⋯⋯⋯⋯⋯⋯⋯⋯ 11
　10.4 地裂缝易发性评价 ⋯⋯⋯⋯⋯⋯⋯⋯⋯⋯⋯⋯⋯⋯⋯⋯⋯⋯⋯⋯⋯⋯⋯⋯⋯⋯⋯⋯⋯⋯⋯ 12
　10.5 地裂缝危险性评价 ⋯⋯⋯⋯⋯⋯⋯⋯⋯⋯⋯⋯⋯⋯⋯⋯⋯⋯⋯⋯⋯⋯⋯⋯⋯⋯⋯⋯⋯⋯⋯ 13
　10.6 地裂缝场地工程建设适宜性评价 ⋯⋯⋯⋯⋯⋯⋯⋯⋯⋯⋯⋯⋯⋯⋯⋯⋯⋯⋯⋯⋯⋯⋯⋯⋯ 13

11 成果提交	15
附录A（规范性附录） 地裂缝类型、危害等级及构造地裂缝场地类别划分	16
附录B（资料性附录） 地裂缝调查表	18
附录C（规范性附录） 构造地裂缝场地勘探精度修正值规定	20
附录D（资料性附录） 地裂缝勘查中常用物探方法与适用范围简表	21
附录E（资料性附录） 地裂缝勘查中常用物探方法建议表	22
附录F（资料性附录） 地裂缝防治工程勘查成果报告内容	23

前 言

本规范按照 GB/T 1.1—2020《标准化工作导则 第1部分:标准化文件的结构和起草规则》的规定起草。

本规范附录 A、C 为规范性附录,附录 B、D、E、F 为资料性附录。

本规范由中国地质灾害防治与生态修复协会提出并归口。

本规范起草单位:长安大学、江苏省地质调查研究院、机械工业勘察设计研究院有限公司、西北综合勘察设计研究院、陕西工程勘察研究院有限公司、中铁西安勘察设计研究院有限责任公司、中国铁路设计集团有限公司。

本规范主要起草人:卢全中、彭建兵、黄强兵、朱锦旗、王光亚、张继文、周晓燕、王富辉、李忠生、刘聪、武银婷、宋彦辉、黄敬军、占洁伟、王雷、沈远、辛民高、马鹏辉。

本规范由中国地质灾害防治与生态修复协会负责解释。

引 言

为避免或减轻地裂缝灾害造成的损失，维护人民生命财产安全，统一技术标准，规范地裂缝勘查工作，使地裂缝防治工程经济合理、技术可行、安全可靠，服务于国土开发整治、城镇规划和工程建设，实现经济和社会可持续发展的防灾减灾宗旨，根据中华人民共和国国务院令第394号《地质灾害防治条例》和原国土资源部公告2013年第12号《关于编制和修订地质灾害防治行业标准工作的公告》的要求，制定本规范。

本规范共分十一章，包括范围，规范性引用文件，术语和定义，基本规定，地裂缝分类、危害分级与场地类别的划分，立项阶段地裂缝调查，可行性论证阶段初步勘查，设计阶段详细勘查，勘查方法及技术要求，地裂缝评价和成果提交。

T/CAGHP 079—2022

地裂缝防治工程勘查规范(试行)

1 范围

本规范规定了地裂缝的分类、勘查内容、勘查方法、评价和成果提交等的要求。

本规范适用于构造地裂缝和由地下流体开采诱发的地面沉降型地裂缝防治工程勘查。对于成因不明或较复杂地裂缝的勘查,可参照本规范执行。

2 规范性引用文件

下列文件中的内容通过文中的规范性引用而构成本规范必不可少的条款。其中,注日期的引用文件,仅该日期对应的版本适用于本规范;不注日期的引用文件,其最新版本(包括所有的修改单)适用于本规范。

GB 50021　岩土工程勘察规范
GB/T 14158　区域水文地质工程地质环境地质综合勘查规范(比例尺 1∶50 000)
GB/T 50123　土工试验方法标准
DZ/T 0017　工程地质钻探规程
DZ/T 0064　地下水质分析方法
DZ/T 0151　区域地质调查中遥感技术规定(1∶50 000)
DZ/T 0283—2015　地面沉降调查与监测规范
DZ/T 0097—2021　工程地质调查规范(1∶50 000)
T/CAGHP 001—2018　地质灾害分类分级标准(试行)
T/CAGHP 002—2018　地质灾害防治基本术语(试行)

3 术语和定义

下列术语和定义适用于本规范。

3.1

地裂缝　ground fissure

由于自然或人为因素作用,地表岩土体开裂,在地面形成的具有一定规模和分布规律的裂缝,如因断层活动(蠕滑或地震)或过量抽取地下水而造成的区域性地面开裂。

3.2

构造地裂缝　tectonic ground fissure

由下伏构造(多为断层)控制,并造成地表开裂或变形的地裂缝。

3.3
基岩潜山型地裂缝 ground fissure with buried hill

由埋藏的基岩古潜山控制，并造成地表开裂或变形的地裂缝。

3.4
埋藏阶地型地裂缝 ground fissure with buried terrace

由埋藏阶地边缘的古地形控制，并造成地表开裂或变形的地裂缝。

3.5
地下水综合开采型地裂缝 ground fissure with comprehensive exploitation of groundwater

由地下水快速开采导致产生陡立型地下水位降落漏斗和较强地面差异沉降，从而在地表形成的地裂缝。

3.6
隐伏地裂缝 hidden ground fissure, buried ground fissure

在地表没有明显出露，隐藏于近地表土体中的地裂缝。

3.7
主地裂缝 main ground fissure

在地裂缝带中，延伸长度和活动程度最大的地裂缝。

3.8
分支地裂缝 branching ground fissure

由主地裂缝派生，且在剖面上与主地裂缝相交，规模和活动程度相对较小的地裂缝。

3.9
次级地裂缝 secondary ground fissure

与主地裂缝伴生，位于主地裂缝附近，产状与主地裂缝相近，规模相对较小的地裂缝。

3.10
地裂缝场地 site of ground fissure

发育地裂缝或可能发育地裂缝的场地。

3.11
地裂缝勘探 investigation for ground fissure

通过槽探、钻探、物探和化探等手段查明地裂缝发育位置、特征及其成因等的工作过程或活动。

3.12
勘探标志层 symbolic layer for investigation

勘探时能判定地裂缝是否发育及其位置的地层。

3.13
勘探精度修正值 correction for investigation deviation

由勘探标志层的埋深和采用的勘探手段决定的地裂缝地表位置可能存在的偏差。

3.14
地裂缝影响区 influence zone of ground fissure

位于地裂缝两侧，受地裂缝活动影响并在地表产生变形或形成破裂的区域，包括地裂缝主变形区和地裂缝微变形区。

3.15
地裂缝主变形区 strong deformation zone of ground fissure

位于地裂缝两侧，地表变形明显或次级破裂发育的区域。

3.16
地裂缝微变形区 weak deformation zone of ground fissure

位于地裂缝主变形区两侧的地裂缝影响区内,地表变形相对较弱或次级破裂不发育的区域。

3.17
地裂缝上盘 hanging wall of ground fissure

地裂缝主破裂面的上覆一侧或下降盘。

3.18
地裂缝下盘 footwall of ground fissure

地裂缝主破裂面的下伏一侧或相对上升盘。

4 基本规定

4.1 地裂缝防治工程勘查分为立项阶段地裂缝调查、可行性论证阶段初步勘查和设计阶段详细勘查。各阶段的勘查任务应依据对应勘查阶段的勘查目的、任务要求等相关文件确定。

4.2 地裂缝防治工程勘查的内容、方法和工作量应根据场地地质条件、勘查阶段和工程治理需求综合确定。

4.3 对于范围小、地质条件简单或地裂缝基本特征明显的地裂缝场地,可根据实际情况合并勘查阶段,其勘查成果应能满足几个被合并勘查阶段的最高要求。

4.4 地裂缝防治工程勘查应充分收集场地及附近的区域地质资料,开展现场踏勘,了解场地地质条件和勘查工作条件,编制勘查工作方案,经技术审查合格后方可实施。

4.5 地裂缝防治工程勘查应采用综合勘探和综合分析方法,并积极采用新技术、新方法。

4.6 现场勘查工作应进行野外验收,勘查过程中应做好野外记录和地质编录,原始资料应真实、准确、完整。

4.7 对无当地经验、成因复杂或有特殊需求的地裂缝防治工程,可开展专题研究。

5 地裂缝分类、危害分级与场地类别的划分

5.1 地裂缝的成因分类,按附录A中的表A.1划分。

5.2 地裂缝的延伸长度、力学性质、张开程度及主次关系等其他因素分类,按附录A中的表A.2划分。

5.3 地裂缝灾害的灾情等级,应根据死亡人数或直接经济损失的大小,按附录A中的表A.3划分。

5.4 地裂缝灾害的险情等级,应根据直接威胁人数或潜在经济损失的大小,按附录A中的表A.4划分。

5.5 对于构造地裂缝,根据地裂缝场地勘探标志层的不同,将地裂缝场地分为一类、二类和三类3个类别。一类、二类、三类地裂缝场地的划分按附录A中的表A.5执行。

6 立项阶段地裂缝调查

6.1 一般规定

6.1.1 立项阶段地裂缝调查应在资料收集的基础上,以地面调查为主开展工作,了解地裂缝场地的

地质环境条件和地裂缝的发生发展过程、可能形成原因及灾害情况,为编制地裂缝防治工程立项报告提供工程地质资料。

6.1.2 在缺少资料的地区,可采用遥感调查手段获取地质环境和地裂缝、地面沉降等信息,并进行实地验证和结果校核。

6.1.3 立项阶段地裂缝调查应根据收集的资料和地面调查结果,编制并提交地裂缝调查报告。

6.2 地面调查

6.2.1 地面调查应在资料收集与整理分析的基础上,以实地量测和现场访问为主。

6.2.2 地面调查应重点针对地裂缝的基本特征、灾害及其主要影响因素开展工作,地裂缝调查的内容可参照附录B。

6.2.3 地裂缝场地和周边不小于500 m范围内的地裂缝,以及场地外1 000 m范围内指向场地的地裂缝,均应进行调查。

6.2.4 地面调查采用的比例尺宜按下列要求进行:
  a) 针对居民点和工程建设场地的地裂缝调查,比例尺宜在1∶2 000～1∶10 000之间。
  b) 对于开发区、线状工程等范围较大的地裂缝调查,比例尺不宜小于1∶25 000。

6.2.5 地面调查的野外手图比例尺不宜小于成图比例尺。各类调查点的数量应符合相应比例尺的要求。

7 可行性论证阶段初步勘查

7.1 一般规定

7.1.1 可行性论证阶段初步勘查应在立项阶段地裂缝调查的基础上开展工作,为编制地裂缝防治工程可行性研究报告提供工程地质资料。

7.1.2 可行性论证阶段初步勘查应包括下列工作任务和内容:
  a) 初步查明地裂缝形成的地质环境条件,加剧地裂缝活动的人类工程活动情况。
  b) 初步查明地裂缝的分布、产状、基本特征、形成原因、活动现状和危害等。
  c) 预测地裂缝发展趋势,评估地裂缝灾害危险性,评价场地建设适宜性,论证地裂缝治理的必要性,并提出初步防治措施建议。

7.1.3 可行性论证阶段初步勘查宜以资料收集和地面调查为主,适当结合工程地质测绘和勘探手段开展工作。

7.1.4 可行性论证阶段初步勘查应根据资料收集、地面调查、工程地质测绘和勘探的成果,编制并提交地裂缝初步勘查报告。

7.2 地质环境条件调查

7.2.1 应在进一步收集资料的基础上,通过地面调查,初步查明地裂缝场地的地质环境条件,包括地形地貌、岩土类型及工程地质特征、地质构造、水文地质条件、其他不良地质现象及人类工程活动情况等,为分析地裂缝形成的地质条件和影响因素提供初步的地质资料。

7.2.2 地质环境条件调查采用的比例尺,按6.2.4中的规定执行。

7.3 地裂缝工程地质测绘

7.3.1 地裂缝场地及周边不小于500 m范围内的地裂缝均应进行工程地质测绘,地裂缝宽度方向的测绘范围宜在地裂缝两侧各不小于50 m。当在测绘范围外1 000 m内有指向场地的地裂缝时,也应进行调查和测绘。

7.3.2 地裂缝工程地质测绘比例尺宜按下列要求进行:
   a) 针对居民点和工程建设区的地裂缝测绘,平面图比例尺宜在1∶1 000～1∶5 000之间。
   b) 对于开发区、线状工程等范围较大的地裂缝测绘,平面图比例尺不宜小于1∶10 000。

7.3.3 地裂缝工程地质测绘宜在比例尺大于或等于测绘比例尺的地质图基础上进行。无地质图时,应进行第四纪地质测绘。

7.3.4 地裂缝工程地质测绘的基本内容应包括地裂缝分布、基本特征、灾害及周边地区已有地裂缝防治效果情况等。

7.3.5 地裂缝工程地质测绘成果应提交地裂缝平面分布图或地裂缝工程地质图。

7.4 地裂缝勘探

7.4.1 可行性论证阶段地裂缝勘探主要用于确定场地是否发育地裂缝,初步查明地裂缝的可能位置及成因类型。

7.4.2 可行性论证阶段地裂缝勘探应在资料收集、地面调查和工程地质测绘的基础上进行,并根据场地地质条件和可能的地裂缝类型,确定勘探方案。

7.4.3 可行性论证阶段可采用物探方法确定地层或构造异常点位置,推断隐伏地裂缝位置或地裂缝成因。查明的地裂缝异常点应进行钻探验证,确定异常点位置的两个相邻钻孔间距不宜大于10 m。

7.4.4 可行性论证阶段钻探勘探线不宜少于1条;钻孔孔距应能控制地层界线的变化,一般钻孔间距宜为40 m～50 m,控制地裂缝位置的两个相邻钻孔间距不宜大于10 m。

8 设计阶段详细勘查

8.1 一般规定

8.1.1 设计阶段详细勘查应结合防治工程初步方案,充分利用可行性论证阶段的勘查成果,有针对性地进行定点勘查,为地裂缝防治方案的设计提供详细地质资料和参数。

8.1.2 设计阶段详细勘查应包括下列工作任务和内容:
   a) 查明地裂缝形成的地质环境条件以及诱发或加剧地裂缝活动的人类工程活动情况。
   b) 查明地裂缝的分布、基本特征、形成原因、活动现状和危害等。
   c) 提供工程设计所需的地裂缝位置、产状、影响区范围等参数。
   d) 提出地裂缝防治措施建议。

8.1.3 设计阶段详细勘查应以工程地质测绘和必要的勘探手段为主,根据实际情况和工程设计需要,可开展地裂缝监测和岩土测试工作。

8.1.4 设计阶段详细勘查应根据资料收集、工程地质测绘和综合勘探的成果,结合地裂缝监测和岩土测试资料,编制并提交地裂缝勘查报告。

8.1.5 工程设计如需地裂缝活动性参数,包括活动速率、累计活动量、未来最大活动量等,可通过专题研究确定。

8.2 工程地质测绘

8.2.1 应在地质环境条件调查的基础上,进行地裂缝场地地质环境条件工程地质测绘,查明地裂缝场地的地质环境条件,包括地形地貌、岩土类型及工程地质特征、地质构造、水文地质条件、其他不良地质现象以及人类工程活动情况等,为分析地裂缝形成的地质条件和影响因素提供地质资料。场地工程地质测绘比例尺按照7.3.2的要求执行。

8.2.2 应根据地裂缝场地范围、地质环境条件与防治工程初步方案,开展地裂缝工程地质测绘,测绘比例尺宜在1∶500~1∶2 000之间,测绘的范围、内容及成果应符合7.3中的相关规定。

8.3 地裂缝勘探

8.3.1 设计阶段地裂缝勘探主要用于确定地裂缝通过场地的具体位置,查明地裂缝的成因类型和基本特征。

8.3.2 设计阶段地裂缝勘探应在可行性论证阶段勘探的基础上,进一步结合工程特性、场地地质条件和防治工程方案,确定地裂缝勘探方案。

8.3.3 设计阶段勘探线可结合场地建(构)筑物或工程设施位置布置,如建(构)筑物的轴线或周边、线状工程的中轴线等,其中至少保证有1条勘探线垂直或近垂直地裂缝走向布置。

8.3.4 设计阶段地裂缝物探按照7.4.3的要求执行。

8.3.5 对于构造地裂缝的钻探,不同类别地裂缝场地的确定及钻探剖面线和钻孔的布设,应符合附录中表A.5的规定和下列要求。

- a) 一类地裂缝场地:宜布置1条~2条钻探剖面线,对地表破裂点进行钻探验证;场地较大,或地裂缝呈断续分布,或地裂缝沿走向变化较大时,可增加钻探剖面线数量。
- b) 二类地裂缝场地:钻探剖面线长度不宜小于40 m,间距不宜大于20 m,地裂缝拐弯幅度较大或地层异常地段,钻探剖面线间距不宜大于15 m;确定地裂缝位置的两个相邻钻孔间距不宜大于5 m,勘探标志层埋深大于20 m时,钻孔间距不宜大于10 m。
- c) 三类地裂缝场地:钻探剖面线长度不宜小于80 m,间距不宜大于30 m;确定地裂缝位置的两个相邻钻孔间距不宜大于10m。

8.4 采样、测试与试验

8.4.1 在钻探或槽探时,为确定地裂缝带土的物理力学性质,可在地裂缝影响区(包括主变形区和微变形区)压缩层范围内的各层土体中采集原状试样,进行土工试验,并与非地裂缝带土(地裂缝影响区范围之外的土体)的物理力学性质进行对比。

8.4.2 在特殊性土分布地区,宜进行特殊性土的有关试验,其技术要求按照相应规范的规定执行。

8.4.3 进行地裂缝勘查时,可根据需要开展原位测试和特殊试验工作,其试验要求应符合《岩土工程勘察规范》(GB 50021)和其他相关规范中的规定。

8.4.4 岩土样品的采集、保存及其物理力学性质指标的测试等的技术要求,应符合《岩土工程勘察规范》(GB 50021)和《土工试验方法标准》(GB/T 50123)中的规定。

8.4.5 水体样品的采集、保存及其指标的分析测试等的技术要求,应符合《地下水质分析方法》(DZ/T 0064)及其他相关规范中的规定。

8.4.6 为了解地裂缝的发生发展过程和致灾机理,可进行相关物理模型试验,模拟其应力—应变过程等,物理模型设计应符合地裂缝灾害发育的实际情况,试验方案应依据试验目的确定。

9 勘查方法及技术要求

9.1 资料收集与整理

9.1.1 收集的资料包括地裂缝场地的区域地质环境背景资料、场地地质环境条件、地裂缝资料以及人类工程活动与其他相关资料等。

9.1.2 区域地质环境背景资料包括区域地形地貌、第四纪地质、区域活动断裂、区域地震及新构造运动、区域地球物理、遥感图像、区域水文地质、区域岩土工程地质条件等。

9.1.3 场地地质环境条件包括场地内及附近的地形地貌、地质构造、水文地质、工程地质、不良地质现象等。

9.1.4 地裂缝资料包括场地所在地区地裂缝的调查、勘探、监测及防治资料,历史上有关地裂缝的记载资料及前人所做的地裂缝研究成果等。

9.1.5 人类工程活动与其他相关资料包括场地内及附近地下水开采利用资料、地面沉降和地下水监测资料、场地的建设工程平面布置及工程概况等。

9.1.6 应对收集的资料进行系统整理、分析和总结,全面分析地裂缝场地的地质环境条件,人类社会活动的方式、历史和规模及其对地质环境的影响程度,分析地裂缝的产生发展与区域地质作用及人类活动的关系,为野外开展针对性的地裂缝调查和勘探方案布置奠定基础。

9.2 遥感调查

9.2.1 根据收集的不同波段、不同时相的航片、卫片资料,进行必要的图像处理、合成和解译。解译内容包括地裂缝发育区的地形地貌、地质构造、地表水体、地面沉降区和地裂缝的分布等,并分析地裂缝与上述各因素的关系。用不同时段的图像对比分析地面沉降和地裂缝的发育过程。

9.2.2 调查地裂缝时,宜选用大比例尺的航片,并注意应用立体放大镜观测。单片解译的重要内容和界线应采用转绘仪转绘到相应比例尺的地形图上,一般内容可采用徒手转绘。

9.2.3 应提交与测绘比例尺相应的地裂缝地质解译图件、解译卡片和文字说明及典型图片资料。遥感解译结果应进行野外验证。

9.2.4 在地面沉降及地裂缝灾害发育地区的前期调查中,尽可能利用具优势的InSAR技术监测区域性地面沉降及地裂缝灾害,并与地面水准测量技术相结合,将InSAR调查结果与水准测量结果对比分析,分析结果应进行实地验证和结果校核。

9.2.5 在采用InSAR技术开展地裂缝及与其伴生的地面沉降调查时,SAR影像的历史(存档)数据的时间应早于调查设计的时间,空间范围应大于实际调查工作区的范围。

9.2.6 其他未尽事项,应符合《区域地质调查中遥感技术规定(1∶50 000)》(DZ/T 0151)中的规定。

9.3 野外核查和地面调查

9.3.1 对地裂缝灾害遥感调查结果应进行野外核查,核查数不得低于解译总数的80%,并逐一填写调查卡片;对收集的已有地裂缝灾害点资料,应根据其完备程度进行野外核查与完善,重点调查地裂缝灾害点是否发生变化及其变化程度。

9.3.2 地面调查包括以下主要内容:调查区地貌的类型、分布及特征,活动断裂的性质、产状、活动时代,地下水的类型、补给、径流、排泄及水位动态变化情况,地裂缝的平面分布、活动现状、危害及其诱发因素和初步形成原因;调查区及周边地区的地面沉降发育及活动特征,地下水开采等人类工程活动情况。

9.3.3 地裂缝野外调查记录的内容见附录B，不得遗漏地裂缝主要要素。

9.4 地质环境条件调查

9.4.1 调查区内的地形地貌：地貌单元的成因类型及地形起伏情况；基岩潜山、埋藏阶地或古河道等分布及埋藏特征；与地裂缝灾害相关的地貌特征和微地貌组合特征；地裂缝所处地貌单元的部位及其与地貌走向的关系等。

9.4.2 调查区内的岩土类型及工程地质特征：地层层序、地质时代、成因类型、岩性特征和接触关系；土体的分布、成因类型、厚度及其变化情况；特殊岩土的工程性质；外动力作用下特殊土性质变化与地裂缝形成的关系。

9.4.3 调查区内及附近区域的地质构造：调查区的区域构造格架、构造地貌单元，主要构造运动期次和性质，以及新构造运动及构造地貌特征等；调查区及附近区域断裂活动性、地应力，区域新构造运动、现今构造活动和地震等；调查区主要活动断裂规模、性质、产状、活动时代及其地貌地质证据，活动断裂与地裂缝灾害的关系；调查区各种土体结构面的产状及其与地裂缝灾害的关系。

9.4.4 调查区内及附近区域的水文地质条件：地下水类型、性质、水位及动态变化情况；含水层分布、类型、富水性、透水性、地下水位变化，特别是不同取水含水层的埋深、厚度；抽水井的分布、抽水层位及深度、抽水量、抽水涌砂情况、水位变化等；地下水降落漏斗的分布范围、发生时间及其与地裂缝灾害的时空关系。

9.4.5 调查区内其他地质灾害现象：应按相关规范和要求调查区内的地质灾害和不良地质现象；在伴有地面沉降的地区，应重点调查地面沉降区的影响范围及形态、沉降中心的位置等，分析地裂缝与地面沉降的相互关系；调查场地是否位于地震高烈度区，分析地裂缝与地震及其他地质灾害的相互关系。

9.4.6 调查区内的人类工程活动情况：区域社会经济活动，城镇、乡村、经济开发区、工矿区、自然保护区的经济发展规模与地裂缝活动的关系；区内社会经济发展环境、区域总体规划和交通发展规划情况；地裂缝活动对建设工程的影响；场地及周边地区的地下水抽排、石油及天然气开采等人类工程活动情况及其与地裂缝灾害的时空关系。

9.5 工程地质测绘

9.5.1 立项、可行性论证和设计阶段的地裂缝调查或工程地质测绘的范围、比例尺及基本内容应符合6.2、7.3和8.2中的相关规定。

9.5.2 灾害点及地质点的间距及数量应符合工程地质测绘相应比例尺的要求，各观测点应做好野外调查记录。

9.5.3 地裂缝工程地质测绘应重点针对地裂缝的分布、基本特征、灾害及已有防治效果开展，具体包括以下内容：

  a) 地裂缝单缝和群缝的平面分布特征，包括地裂缝群的总体分布范围、平面组合形态、展布方向；地裂缝单体的分布位置、延伸方向、平面形态、长度、裂缝宽度、地表影响区范围（包括主变形区和微变形区范围）等。

  b) 地裂缝的剖面结构特征，包括裂缝产状，裂缝数量，裂缝的主次关系及剖面组合形态，发育深度（包括可测深度、推断深度），裂隙面及裂缝充填物特征，裂缝的切割关系，地层错断情况，主变形区和微变形区范围等。

c) 地裂缝的力学性质及活动特征,包括地裂缝力学性质与可能的运动方式,不同方向的活动量,地裂缝的活动强弱及分段活动性,地裂缝发生的期次、周期性、裂开过程及伴生现象。
d) 地裂缝灾害情况,包括地裂缝发生的时间及发展历史,不同时期地裂缝对地面建筑、堤坝水渠、道路桥梁、隧道洞室、管道等设施的破坏过程、破坏程度和破坏类型,成灾范围,灾害损失等。
e) 地裂缝的监测、工程防护与治理措施等防治现状及效果。

9.5.4 对有代表性的或有助于认识、分析地裂缝灾害的典型地质现象,以及典型建(构)筑物或工程设施的破坏形式,应进行素描或实测剖面。

9.6 勘探

9.6.1 一般规定

9.6.1.1 勘探工程宜布置在威胁工程设施、活动性较强以及可能采取防治工程的地段。

9.6.1.2 勘探线应尽可能垂直地裂缝走向布置,其长度应能控制地裂缝的影响区范围,且不宜小于40 m。

9.6.1.3 地裂缝勘探手段包括工程物探、化探、钻探、槽探、洞探等。当采用综合勘探手段时,宜按照化探、电法勘探、地震勘探、钻探、槽探的先后顺序进行。

9.6.1.4 勘探手段的选择应根据地裂缝的成因类型和场地地质条件综合确定。
a) 对于与地面沉降伴生、地层位错不明显的张性非构造地裂缝,宜选择槽探揭露地裂缝的剖面结构特征,选择钻探手段查明含水层结构、地下水水位及其主要开采层位。
b) 对于构造地裂缝,或具有地层或地表垂直位错的地裂缝,可选择槽探、钻探进行地裂缝勘探;需要时,还可选择工程物探或化探等手段进一步确定地裂缝的成因类型及地裂缝位置。
c) 对于其他非构造地裂缝,或成因不明的地裂缝,可根据具体情况采用综合的勘探手段。

9.6.1.5 对于构造地裂缝及其不同类别的地裂缝场地,应根据场地特点及勘探标志层特征采用不同的勘探方法。
a) 一类地裂缝场地勘探:宜采用槽探、钻探等勘探方法,用于揭露地裂缝的产状、剖面结构特征及地裂缝的影响区范围,或用于确定地表破裂与下伏构造、不良地质体的关系。
b) 二类地裂缝场地勘探:宜采用以钻探为主的勘探方法,用于查明标志层的层面高程变化情况和错断位置。
c) 三类地裂缝场地勘探:宜采用人工浅层地震反射波法勘探和钻探,查明隐伏地裂缝的位置,也可采用高密度电法或化探作为辅助手段探查地裂缝的位置。
d) 除三类地裂缝场地外,一、二类地裂缝场地也可采用人工浅层地震勘探,并结合钻探资料和相关区域地质资料,用以确定地裂缝与下伏断层、不良地质体或其他地质现象的关系,分析地裂缝的成因。

9.6.1.6 通过勘探手段确定的地裂缝位置,其地面坐标值应根据地裂缝场地类别及勘探手段的不同,确定勘探精度修正值,并在地裂缝分布图或工程地质图中表示出地裂缝地面坐标点的位置、编号Dn、坐标值(x,y)和勘探精度修正值Δ_k。地裂缝地面坐标点可采用的表示方式为:• $Dn \begin{matrix} x=? \\ y=? \end{matrix}$ ($\Delta_k =?$),勘探精度修正值应符合附录C的规定。

9.6.2 物探

9.6.2.1 应根据地裂缝成因类型和地质条件的不同,选择合适的物探方法。地裂缝勘查中常用的物探方法及其适用范围见附录 D 和附录 E。

9.6.2.2 物探测线宜布置 1 条~2 条,勘探深度应能揭露至少两层明显的区域地层结构或断层断点以下两个可对比的地层界面。

9.6.2.3 采用人工浅层地震反射波法勘探时,宜进行现场试验,确定合理的仪器参数和观测系统。野外数据采集系统的基本要求:覆盖次数不宜少于 24 次,道距 2 m~5 m。有条件时可同时进行地震折射 CT 反演。

9.6.2.4 使用人工浅层地震反射波法勘探的场地,应对其中 1/2 的异常点进行钻探验证。

9.6.2.5 对区域地层结构不清楚的场地,不宜采用人工浅层地震勘探方法。

9.6.3 钻探

9.6.3.1 钻孔宜布置在通过地面调查或物探等工作确定的地裂缝可能位置,或布置在地裂缝出露并需要通过钻探确定地裂缝成因的位置。

9.6.3.2 同一钻探剖面线的钻孔数量及钻孔深度应根据初步判断的地裂缝成因类型和地质条件确定,并应符合表 1 的规定。

表 1 钻孔数量及深度要求

地裂缝成因类型	同一钻探剖面线的钻孔数量	钻孔深度
断裂控制型	不宜少于 6 个,其中地裂缝每一侧的钻孔数不宜少于 3 个	应能揭穿地裂缝场地标志层,并继续钻进不小于 2 m
基岩潜山型	控制性钻孔不宜少于 3 个,并能反映基岩面形态	控制性钻孔深度应能达到基岩面以下不小于 2 m
埋藏阶地型	控制性钻孔不宜少于 3 个,并能反映阶面形态	控制性钻孔深度应能达到阶地冲积物以下不小于 2 m
地下水综合开采型	控制性钻孔不宜少于 2 个,并能反映地下水位变化	控制性钻孔深度应能达到地下水位以下不小于 2 m

9.6.3.3 钻探应采用回转方式钻进,回转进尺宜为 1.0 m~1.5 m,预计在勘探标志层面及其以上 2 m 范围内的回转进尺不宜大于 0.5 m,分层深度的精度应小于 5 cm。钻进中遇到地下水时,应停钻量测初见水位;在同一地裂缝场地全部钻孔结束后,应在同一天内量测各钻孔的静止水位,确定地裂缝两侧地下水位是否存在异常。

9.6.4 槽探

9.6.4.1 结合物探和钻探工作成果,可在重点地段布置适量探槽。

9.6.4.2 探槽长轴线应垂直或近垂直地裂缝走向布置,用于揭露地裂缝的具体位置、产状、剖面结构特征和确定地裂缝的影响区范围,包括上盘、下盘的主变形区范围和微变形区范围。

9.6.4.3 探槽应绘制侧壁展示图,比例尺宜在 1∶10~1∶50 之间。

9.6.4.4 如有需要,可在探槽内取样和进行相应的测试工作。

9.7 其他勘查方法

在地裂缝勘查中,可结合实际需要,采用其他合理有效的勘查方法,如洞探、微动勘探、电磁法勘探、地质雷达、静力触探等。

10 地裂缝评价

10.1 一般规定

10.1.1 地裂缝评价应紧密结合城镇规划和土地利用,服务于建设工程或工程设施,做到合理利用地裂缝场地。

10.1.2 地裂缝评价宜采用定性与定量相结合的原则。

10.1.3 地裂缝评价应在查明地裂缝的分布、基本特征、活动现状和发展趋势的基础上,采用综合评价的方法,并充分考虑地裂缝场地的地质环境条件和人类活动因素。

10.1.4 地裂缝评价内容包括地裂缝成因分析、地裂缝活动性评价、地裂缝易发性评价、地裂缝危险性评价和地裂缝场地工程建设适宜性评价等。

10.2 地裂缝成因分析

10.2.1 应根据地裂缝所处地貌单元的部位及其与地貌分界线的分布关系,包括是否存在基岩潜山、埋藏阶地或古河道等,分析地貌对地裂缝的可能控制作用和影响。

10.2.2 应根据地裂缝场地及附近的隐伏构造(包括断层、土体构造节理)和地裂缝与构造线的分布关系,分析构造对地裂缝的可能控制作用和影响。

10.2.3 应根据地裂缝场地地层岩性变化和特殊土体的工程性质,分析土层的不均匀压缩、固结作用和自然外动力作用(如黄土湿陷作用、膨胀土胀缩作用、冻土冻融作用、盐渍土溶陷作用等)对地裂缝的可能控制作用和影响。

10.2.4 在伴有地面沉降的地区,应根据地面沉降区的影响范围及形态、沉降中心的位置、不同时期沉积速率、各压缩层的地层结构及相对压缩量、主要压缩层位等,确定地裂缝与地面沉降的时空关系,分析地面沉降加剧地裂缝活动的可能性。

10.2.5 应分析诱发地裂缝活动的影响因素,确定加剧地裂缝活动的主要因素,如地下水抽排、石油及天然气开采、地震动等。

10.2.6 应综合地裂缝形成的地质环境条件和影响因素,分析地裂缝的形成原因,确定地裂缝的主控因素和成因类型。

10.3 地裂缝活动性评价

10.3.1 对已发生或出露的地裂缝应进行活动性现状评价,并预测其发展趋势。

10.3.2 可根据地表破裂(坏)程度或年平均活动速率,将地裂缝活动性分为Ⅰ级(强烈)、Ⅱ级(较强烈)、Ⅲ级(中等)和Ⅳ级(微弱)四级,划分标准按表2执行。

表 2 地裂缝活动性评价表

活动性分级	评价标准	
	地表破裂程度	平均活动速率 $v/(mm \cdot a^{-1})$
Ⅰ级(强烈)	地表明显开裂,垂直位错量或水平张开量大于 50 mm;管线错断或变形明显、建(构)筑物开裂明显	$v \geqslant 5$
Ⅱ级(较强烈)	地表开裂,垂直位错量或水平张开量 10 mm～50 mm;道路、建(构)筑物出现裂缝	$1 \leqslant v < 5$
Ⅲ级(中等)	地表可见裂缝,垂直位错量或水平张开量 1 mm～10 mm;地表及建(构)筑物局部出现裂缝	$0.1 \leqslant v < 1$
Ⅳ级(微弱)	未出现裂缝,地表局部地段可见微细破裂,垂直位错量或水平张开量小于 1 mm;建(构)筑物未受损	$v < 0.1$

10.4 地裂缝易发性评价

10.4.1 构造地裂缝的易发性评价因子包括地形地貌、活动断裂、地下水位高差及地面沉降易发程度,各因子的权重及强度指数可按表 3 取值。

表 3 构造地裂缝易发性评价因子权重及强度指数取值表

评价因子	权重	评价因子分级及强度指数(X_i)取值			
		4	3	2	1
地形地貌	0.20	地形起伏较大的不同地貌单元交接带	地形起伏不大的不同地貌单元交接带	地形起伏较大的同一地貌单元	地形平坦的同一地貌单元
活动断裂	0.30	全新世活动断裂	晚更新世活动断裂	中更新世活动断裂	中更新世以前断裂及无断裂区
地下水位高差 h_w/m	0.20	$h_w \geqslant 5$	$2 \leqslant h_w < 5$	$0.5 \leqslant h_w < 2$	$h_w < 0.5$
地面沉降易发程度	0.30	高易发	中等易发	低易发	不易发
注:地面沉降易发程度分级按照《地面沉降调查与监测规范》(DZ/T 0283—2015)执行。					

10.4.2 非构造地裂缝的易发性评价因子包括人工活动影响深度范围内黏性土层厚度差异、潜山顶面埋深(或埋藏阶地顶面埋深,或地下水位埋深)、地下水位高差(或水位低于潜山顶,或水位低于埋藏阶地顶面)以及地面沉降易发程度,各因子的权重及强度指数可按表 4 取值。

表 4 非构造地裂缝易发性评价因子权重及强度指数取值表

评价因子	权重	评价因子分级及强度指数(X_i)取值			
		4	3	2	1
人工活动影响深度范围内黏性土层厚度差异 h_s/m	0.30	$h_s \geqslant 30$	$15 \leqslant h_s < 30$	$5 \leqslant h_s < 15$	$h_s < 5$
潜山顶面埋深(或埋藏阶地顶面埋深,或地下水位埋深) h_r/m	0.20	$h_r < 120$	$120 \leqslant h_r < 160$	$160 \leqslant h_r < 200$	$h_r \geqslant 200$

表 4 非构造地裂缝易发性评价因子权重及强度指数取值表(续)

评价因子	权重	评价因子分级及强度指数(X_i)取值			
		4	3	2	1
地下水位高差(或水位低于潜山顶,或水位低于埋藏阶地顶面)h_w/m	0.20	$h_w \geq 5$	$2 \leq h_w < 5$	$0.5 \leq h_w < 2$	$h_w < 0.5$
地面沉降易发程度	0.30	高易发	中等易发	低易发	不易发

注1:地面沉降易发程度分级按照《地面沉降调查与监测规范》(DZ/T 0283—2015)执行。
注2:潜山顶面埋深和埋藏阶地顶面埋深分级参照《苏锡常地裂缝》专著修改。

10.4.3 地裂缝易发性评价可采用易发性指数进行定量评价。易发性指数按下式计算:

$$E = \sum_{i=1}^{n} a_i \times X_i \quad \cdots\cdots\cdots\cdots\cdots\cdots\cdots (1)$$

式中:
E——地裂缝易发性指数;
a_i——评价因子i的权重,可据评价因子的地区差异及其影响程度大小进行赋值和取舍;
X_i——评价因子i的强度指数;
n——评价因子的个数。

10.4.4 地裂缝易发性评价可按表5分为4个等级:高易发、中等易发、低易发和不易发。

表 5 地裂缝易发性定量评价标准

易发性指数	易发性分级	易发性指数	易发性分级
$E > 3.2$	高易发	$2.2 < E \leq 3.2$	中等易发
$1.2 < E \leq 2.2$	低易发	$E \leq 1.2$	不易发

10.4.5 地裂缝易发性分区评价宜按下列步骤执行:
a) 对工作区进行合适的网格剖分,划分评价单元。
b) 根据工作区地质环境条件及人类工程活动确定评价因子。
c) 根据表3或表4确定各评价因子的权重及强度指数,按照易发性指数计算公式计算各评价单元的地裂缝易发性指数E。
d) 根据各评价单元的易发性指数,采用GIS等信息处理软件提取单元网格信息生成易发性指数等值线图,按表5进行地裂缝易发程度综合分区。

10.5 地裂缝危险性评价

地裂缝危险性可分为危险性大、危险性较大、危险性中等和危险性小4个等级,其评价标准按表6执行。

10.6 地裂缝场地工程建设适宜性评价

10.6.1 根据地裂缝危险性等级,地裂缝场地工程建设适宜性可分为适宜性差、适宜性较差、基本适宜和适宜4级,其评价标准按表7执行。

10.6.2 对于基本适宜、适宜性较差和适宜性差的地裂缝场地,建设工程设计应采取避让、增强工程结构整体刚度与强度等措施减小地裂缝活动的影响,并应符合《地裂缝防治工程设计规范(试行)》(T/CAGHP 080—2022)的规定。

10.6.3 对于必须跨地裂缝建设的适宜性较差和适宜性差的地裂缝场地,应结合建设工程情况,进行详细设计阶段地裂缝勘查和防治措施专门研究。

表 6 地裂缝危险性定性评价表

危险性分级	判别要素			
	活动性分级	易发程度	险情(灾情)等级	地裂缝的相对位置
危险性大	强烈(Ⅰ级)	高易发	特大型(Ⅰ级)	出露、主变形区
			大型(Ⅱ级)	出露、主变形区
			中型(Ⅲ级)	出露
	较强烈(Ⅱ级)	中等易发	特大型(Ⅰ级)	出露、主变形区
			大型(Ⅱ级)	出露
危险性较大	强烈(Ⅰ级)	高易发	特大型(Ⅰ级)	微变形区
			大型(Ⅱ级)	微变形区
			中型(Ⅲ级)	主变形区、微变形区
			小型(Ⅳ级)	出露
	较强烈(Ⅱ级)	中等易发	特大型(Ⅰ级)	微变形区
			大型(Ⅱ级)	主变形区、微变形区
			中型(Ⅲ级)	出露、主变形区
			小型(Ⅳ级)	出露
	中等(Ⅲ级)	低易发	特大型(Ⅰ级)	出露、主变形区
			大型(Ⅱ级)	出露、主变形区
			中型(Ⅲ级)	出露
危险性中等	强烈(Ⅰ级)	高易发	小型(Ⅳ级)	主变形区、微变形区
	较强烈(Ⅱ级)	中等易发	中型(Ⅲ级)	微变形区
			小型(Ⅳ级)	主变形区、微变形区
	中等(Ⅲ级)	低易发	特大型(Ⅰ级)	微变形区
			大型(Ⅱ级)	微变形区
			中型(Ⅲ级)	主变形区、微变形区
			小型(Ⅳ级)	出露、主变形区
	微弱(Ⅳ级)	不易发	/	出露、主变形区
危险性小	中等(Ⅲ级)	低易发	小型(Ⅳ级)	微变形区
	微弱(Ⅳ级)	不易发	/	微变形区
	/	/	/	影响区外
注1:根据地裂缝是否出露,在活动性分级和易发程度两个判别要素中选择一个进行评价。 注2:"/"表示在本判别要素中的任意等级。				

表7 地裂缝场地工程建设适宜性定性评价表

地裂缝危险性分级	工程建设适宜性分级	地裂缝危险性分级	工程建设适宜性分级
危险性大	适宜性差	危险性较大	适宜性较差
危险性中等	基本适宜	危险性小	适宜

11 成果提交

11.1 地裂缝防治工程勘查,应提交地裂缝防治工程勘查成果。

11.2 地裂缝防治工程勘查成果包括成果报告和相应的附件。

11.3 地裂缝防治工程勘查报告应在充分收集资料、现场调查、勘探和综合分析的基础上进行编写(勘查报告内容见附录F),并结合对应勘查阶段主要工作任务进行调整。

11.4 成果附件包括勘探点平面布置图、地裂缝分布图(或综合工程地质图、水文地质图)、勘探点数据一览表、地裂缝典型灾害调查成果图、工程地质剖面图(或水文地质剖面图)、探槽素描图、物探成果报告等。

附 录 A
(规范性附录)
地裂缝类型、危害等级及构造地裂缝场地类别划分

表 A.1 地裂缝成因分类

类型	主导因素	动力类型	种型	
构造地裂缝	自然内营力作用	断层蠕滑作用	断层控制型地裂缝	断层蠕滑地裂缝
		断层黏滑作用		断层速滑地裂缝(地震地裂缝)
		火山作用	火山地裂缝	
		构造应力作用	构造节理开启型地裂缝	
		地震动力作用	地震次生地裂缝	
非构造地裂缝	自然外营力作用	黄土湿陷作用	湿陷地裂缝	
		膨胀土胀缩作用	胀缩地裂缝	
		冻土冻融作用	冻融地裂缝	
		盐胀作用	盐胀地裂缝	
		盐渍土溶陷作用	溶陷地裂缝	
		土体干缩作用	干旱地裂缝	
		地表水侵蚀作用	侵蚀地裂缝	
		地下水潜蚀作用	潜蚀地裂缝	
	人类活动作用	地下流体抽汲作用	地面沉降型地裂缝	基岩潜山型地裂缝
				埋藏阶地型地裂缝
				地下水综合开采型地裂缝
				石油(天然气)开采型地裂缝

表 A.2 地裂缝其他因素分类

分类因素	名称类别	特征说明
延伸长度 L	巨型地裂缝	$L \geq 10\ 000$ m
	大型地裂缝	$1\ 000$ m $\leq L < 10\ 000$ m
	中型地裂缝	100 m $\leq L < 1\ 000$ m
	小型地裂缝	$L < 100$ m
力学性质	剪切地裂缝	由剪应力产生的地裂缝,沿走向和倾向延伸远,产状稳定,个别有剪切滑动的擦线、擦迹,有的组成共轭的 X 型地裂缝系
	张性地裂缝	由张应力产生的地裂缝,沿走向和倾向延伸不远,产状不稳定,常断续出现,裂面凹凸不平,粗糙无擦痕,裂缝多开口

表 A.2 地裂缝其他因素分类(续)

分类因素	名称类别	特征说明
力学性质	压性地裂缝	由压应力产生的地裂缝,产状不稳定,沿走向、倾向有较大变化,呈波状起伏;裂缝面上常有较多擦痕、阶步、磨光面等
	张剪性地裂缝	兼具张性地裂缝和剪切地裂缝的特征或过渡特征
	压剪性地裂缝	兼具压性地裂缝和剪切地裂缝的特征或过渡特征
张开程度 D	极宽地裂缝	$D \geq 1\,000$ mm
	很宽地裂缝	250 mm $\leq D < 1\,000$ mm
	宽地裂缝	25 mm $\leq D < 250$ mm
	张开地裂缝	0.25 mm $\leq D < 25$ mm
	裂开地裂缝	$D < 0.25$ mm
主次关系	主地裂缝	在地裂缝主变形区内,规模大,延伸远,影响深
	分支地裂缝	由主地裂缝派生,且在剖面上与主地裂缝相交,规模和活动程度相对较小
	次级地裂缝	与主地裂缝伴生,位于主地裂缝附近,产状与主地裂缝相近,规模相对较小

表 A.3 地裂缝灾害灾情等级的划分

灾情等级	特大型(Ⅰ级)	大型(Ⅱ级)	中型(Ⅲ级)	小型(Ⅳ级)
死亡人数 n/人	$n \geq 30$	$30 > n \geq 10$	$10 > n \geq 3$	$n < 3$
直接经济损失 S/万元	$S \geq 1\,000$	$1\,000 > S \geq 500$	$500 > S \geq 100$	$S < 100$

表 A.4 地裂缝灾害险情等级的划分

险情等级	特大型(Ⅰ级)	大型(Ⅱ级)	中型(Ⅲ级)	小型(Ⅳ级)
直接威胁人数 n/人	$n \geq 1\,000$	$1\,000 > n \geq 500$	$500 > n \geq 100$	$n < 100$
潜在经济损失 S/万元	$S \geq 10\,000$	$10\,000 > S \geq 5\,000$	$5\,000 > S \geq 500$	$S < 500$

表 A.5 构造地裂缝场地类别的划分

地裂缝场地类别	划分条件			勘探标志层
	地表破裂	现今活动性	其他	
一类	地表已形成破裂,并有较长的延伸距离	活动	地表破裂位置与隐伏地裂缝位置相对应	地表层
二类	地表未形成破裂,或被掩埋且地表没有迹象	不活动或曾经活动过	裂缝被掩埋或为隐伏地裂缝	浅部(≤50 m)有分布稳定的标志性第四纪地层,如红褐色古土壤、分布较稳定的河湖相地层等
三类	地表未形成破裂	不活动	隐伏地裂缝	一定深度范围内(50 m~100 m)有沉积旋回较规律的第四纪地层;50 m~500 m 深度内有可连续追索的若干人工地震反射层组

附录 B
(资料性附录)

表 B.1 地裂缝调查表

项目名称：　　　　　　　　　　　　　　　　　　　　　　　　　　　　　调查单位：

地裂缝名称									
地裂缝编号									
地理位置	省(市、区)		县(市、区)		乡(镇)		村		组
坐标	经度：		x：						
	纬度：		y：						

发育特征

单缝特征

缝号	形态	延伸性	倾向	倾角	长度	宽度	深度	标高	性质	位移(错)量	填充物	出现时间及活动性
	□直线 □折线 □弧线			°	m	m	m	m	□拉张 □平移 □下错	拉张量： m 扭动量： m 位错量： m		出现时间： 年 月 日 活动性：□停止 □仍有活动

群缝特征

缝数	分布	排列形式	组合关系		发生发展情况	
	面积 km² 间距 m	□平行，产状： ，阶步指向： □斜列，产状： ，阶步指向： □环闭，圆心位置： □杂乱无章	□同期 □错开 □互切 □主次	□分期 □限制 □追踪 □派生	始发时间 年 月 日	盛发时间 从 年 月 日 至 年 月 日	停止时间 年 月 日 尚在发展 □趋势强 □趋势弱

成因类型
□抽排地下水引起 □开采石油、天然气引起 □构造活动引起 □其他(成因　　　　　　)

形成条件

地质环境条件

裂缝区所处地貌单元：□位于 内部 □位于 与 交界附近 □跨 和		
裂缝与地貌或微地貌界线的走向关系：□平行 □横交 □斜交		
受裂地层时代：	岩性：	受裂地层时代： 岩性：
下伏地层时代：	岩性：	下伏地层时代： 岩性：
裂缝区断裂产状及特征：		土层中构造节理产状及特征： 下伏不良地质体类型及特征：

表 B.1 地裂缝调查表（续）

形成条件	诱发动力因素	□抽排地下水		□开采石油、天然气		□构造活动		□水理作用	
		□井，孔 □坑道		□井，孔		□断层活动 □构造节理		□降雨 □水库水	
		井深或坑道埋深：　　m；含水层类型：；		井深：　　m		活动断层（节理）的位置：		□地表水 □地下水	
		水位埋深：　　m；水位降深：　　m；		开采层深度：　　m		产状：		作用时间：	
		日出水量：　　m³		降深：　　m；开采量：		长度：　　m		□其他作用引起的干湿变化	
		与裂缝区的位置关系：		与裂缝区的位置关系：		性质：			
		抽排水时间		开采时间		活动速率：			
		□始于　　年　月　日		□始于　　年　月　日		断距：			
		□止于　　年　月　日		□止于　　年　月　日		活动时间：			
		□仍然继续		□仍然继续					
灾害情况	已有灾害损失					潜在灾害预测			
	毁房　处　阻断交通　间　小时；伤（亡）人员　人					裂缝发展预测		潜在损失预测	
						□缝数增多 □原有裂缝变宽 □活动强度增强		毁房　间；阻断交通　处；威胁人员　人	
防治情况	已采取的防治措施及效果					今后防治建议			
现场图像	平面图：			剖面图：		照片及编号：			
						影像及编号：			

注：1. 此表每一裂缝区填写一张，同一调查点有多个分离的裂缝区，应分别填写；2. 每一裂缝区填写代表性单缝1条~3条，有两条以上裂缝者，需填写群缝（组合发育）特征；3. 情况符合"在"□"中打"√"，其他描述用文字填写。

调查人：　　　　　　记录人：　　　　　　审核人：　　　　　　填表日期：　　年　月　日

附 录 C
（规范性附录）
构造地裂缝场地勘探精度修正值规定

构造地裂缝场地的勘探精度修正值 Δ_k 应符合下列规定：

a) 根据一类地裂缝场地勘探标志层错断确定的地面地裂缝坐标，Δ_k 等于零。
b) 采用钻探方法，根据二类地裂缝场地勘探标志层（埋深小于或等于 20 m）错断推测的地面地裂缝坐标，Δ_k 不小于 2.5 m。
c) 采用钻探方法，根据二类地裂缝场地勘探标志层（埋深大于 20 m）错断推测的地面地裂缝坐标，Δ_k 不小于 5 m。
d) 采用钻探方法，根据三类地裂缝场地勘探标志层错断推测的地面地裂缝坐标，Δ_k 不小于 10 m。
e) 采用人工浅层地震反射波勘探方法，根据三类地裂缝场地勘探标志层错断推测的地面地裂缝坐标，Δ_k 不小于 20 m。

附 录 D
（资料性附录）

表 D.1 地裂缝勘查中常用物探方法与适用范围简表

方法名称		适用范围	应用条件	技术特点
直流电法	电阻率剖面法	可探查隐伏断层、破碎带、隐伏地裂缝的位置、埋深	要求场地宽敞，地形起伏小	方法简便，资料直观；勘探范围为几米到几十米；对两侧电性差异明显的隐伏断层和拉张地裂缝（破碎带）的填充物（高阻、低阻）、空洞等效果较好
	电阻率测深法	可探查场地地层资料，隐伏破碎带位置；配合其他手段查明地裂缝	地形无剧烈变化；勘探越深，场地要求越宽	方法简便，资料直观；勘探范围为几米到几百米，勘探深度越深，精度越低，要求目标体越大
	高密度电阻率法	可探查隐伏断层、破碎带、隐伏地裂缝的位置、埋深等	场地要求高，地面平整，电极接地条件要求较高	兼具剖面和测深功能，分辨率较高，资料可靠，定量解释能力强；勘探范围为几米到几十米
电磁法	音频大地电场法（AMT）	可探查隐伏断层、破碎带、隐伏地裂缝的位置、埋深等	受地形、场地限制小，但受电力干扰较大	被动源探测，仪器轻便，方法简单，资料直观；探测深度较大，但几十米内效果更好
	瞬变电磁法	可探查隐伏断层、破碎带、隐伏地裂缝的位置、埋深等	受地形、场地限制较小，无需考虑接地条件；不适宜电网密集、游散电流干扰区	对低阻体敏感，可有效探测破碎带、张裂缝中的充填水体；带测深和剖面功能，勘探深度为数米到数百米；对浅部小目标体，可采用小框、小点距
	探地雷达	可探查破碎带、隐伏地裂缝的位置、埋深等	受地形、场地限制较小	探测深度较小（10 m以浅效果好），精度高；使用范围广；对低阻敏感，对空洞效果差
人工地震法	反射波法	可探查隐伏断层、隐伏地裂缝的位置、埋深	需要一定范围的施工场地，地形起伏不宜剧烈；场地附近振动噪声对资料影响较大	探测深度范围可从十数米到数百米；对地层结构、空间位置反映清晰，分辨率高；仪器及配套设备多，施工效率低
	折射波（层析成像）法	可探查破碎带、隐伏地裂缝的位置、埋深等	同上	对地层波速差异反映明显，可联合反射波观测系统一起施工。折射波层析成像对破碎带及地裂缝空洞效果较好
	瑞雷面波法	可探查破碎带、隐伏地裂缝的位置、埋深等	在地形、场地条件方面，比反射波法和折射波法要求低	勘探深度较浅（10 m～20 m以浅效果好），对浅部精细结构反映清晰，分辨率和工作效率高
	三维地震法	探测地层结构、产状，地裂缝的位置、延伸及基岩面的起伏特征；进行三维分析、演示	受地形、场地条件限制要求一般；勘探深度较大，目前一般为30 m以深至数千米	适合于任何地形条件下工作，特别是对深部土层结构及基岩面起伏、地层中的断层、构造反映清晰，分辨率和工作效率高，资料直观，成本高昂

附 录 E

(资料性附录)

表 E.1 地裂缝勘查中常用物探方法建议表

地裂缝类型	勘查方法									
	电阻率剖面法	电阻率测深法	高密度电阻率法	音频大地电场法	瞬变电磁法	探地雷达	反射波法	折射波法	瑞雷面波法	三维地震法
断层控制型	★	★	★★	★	★★	★	★★★	★★	★★	★★★
基岩潜山型	★★	★★	★★	★★	★★	★	★★★	★★	★★★	★★★
埋藏阶地型	★	★	★★	★	★★	★	★★★	★★	★	★★★
地下水综合开采型	★★	★★	★★★	★★	★★★	★	★	★	★★★	★
注:★可用方法　★★常用方法　★★★优选方法										

T/CAGHP 079—2022

附 录 F
（资料性附录）
地裂缝防治工程勘查成果报告内容

成果报告可按下列章节进行编制。

前　言（说明勘查的任务由来、工作目的和工作依据等）

第一章　勘查工作概述

　　一、工程或规划区概况

　　二、勘查方案及完成工作量

　　三、勘查工作质量评述

第二章　地质环境条件

　　一、气象、水文条件

　　二、区域地质背景

　　三、地形地貌

　　四、地层岩性

　　五、地质构造

　　六、地震

　　七、水文地质条件

　　八、人类工程活动对地质环境的影响

第三章　主要勘查成果

　　一、现场调查

　　二、地球物理勘探

　　三、钻探

　　四、槽探

　　五、地裂缝总体特征

第四章　地裂缝成因分析

　　一、地裂缝的主控因素

　　二、地裂缝的诱发因素

　　三、地裂缝的形成原因

第五章　地裂缝评价与防治对策

　　一、地裂缝活动性评价

　　二、地裂缝易发性评价

　　三、地裂缝危险性评价

　　四、地裂缝场地工程建设适宜性评价

　　五、地裂缝防治措施建议

第六章 结论与建议

一、结论

二、建议